BERICHTE ÜBER DIE VERHANDLUNGEN DER SÄCHSISCHEN AKADEMIE DER WISSENSCHAFTEN ZU LEIPZIG

Mathematisch-naturwissenschaftliche Klasse
Band 103 · Heft 2

HEINRICH BREDT

ÜBER DEN TOD

EINE NATURWISSENSCHAFTLICHE BETRACHTUNG

AKADEMIE-VERLAG · BERLIN
1958

BERICHTE ÜBER DIE VERHANDLUNGEN DER SÄCHSISCHEN AKADEMIE DER WISSENSCHAFTEN ZU LEIPZIG

MATHEMATISCH-NATURWISSENSCHAFTLICHE KLASSE

Band 97

Heft 1 Prof. Dr. Erich Strack, Beobachtungen über den endogenen Anteil des Kot-Stickstoffs
24 Seiten — 8° — 1949 — DM 2,50 (vergriffen)

Heft 2 Prof. Dr. Ernst Hölder, Über die Variationsprinzipe der Mechanik der Kontinua
13 Seiten — 8° — 1950 — DM 2,75 (vergriffen)

Heft 3 Dr. H. Gerstner / Dr. H. Baark / Dr. H. Graul, Der Wechselstromwiderstand der Froschhaut
25 Seiten — 8° — 1950 — DM 2,75

Heft 4 Prof. Dr. Herbert Beckert, Existenz- und Eindeutigkeitsbeweise für das Differenzenverfahren zur Lösung des Anfangswertproblems, des gemischten Anfangs-Randwert- und des charakteristischen Problems einer hyperbolischen Differentialgleichung zweiter Ordnung mit zwei unabhängigen Variablen
42 Seiten — 8° — 1950 — DM 9,— (vergriffen)

Heft 5 Prof. Dr. Herbert Beckert, Über quasilineare hyperbolische Systeme partieller Differentialgleichungen erster Ordnung mit zwei unabhängigen Variablen. Das Anfangswertproblem, die gemischte Anfangs-Randwertaufgabe, das charakteristische Problem
68 Seiten — 8° — 1950 — DM 14,50 (vergriffen)

Heft 6 Prof. Dr.-Ing. Enno Heidebroek, Das Verhalten von zähen Flüssigkeiten, insbesondere Schmierflüssigkeiten, in engen Spalten
Nachdruck — 40 Seiten — 24 Abb. — 8° — 1952 — DM 5,80 (vergriffen)

Heft 7 Prof. Dr. Hans Schubert, Über eine lineare Integrodifferentialgleichung mit Zusatzkern
52 Seiten — 8° — 1950 — DM 9,25 (vergriffen)

Heft 8 Dipl. phys. Helmar Krupp, Bestimmung der allgemeinen Lösung der Schrödinger Gleichung für Coulomb-Potential
28 Seiten — 8° — 1950 — DM 5,50 (vergriffen)

Band 98

Heft 1 Prof. Dr. Walter Schnee, Über magische Quadrate und lineare Gitterpunktprobleme
48 Seiten — 8° — 1951 — DM 4,65 (vergriffen)

Heft 2 Prof. Dr.-Ing. Enno Heidebroek, Über die Beziehungen zwischen Schmierung und Verschleiß bei geschmierter Gleitreibung
Nachdruck — 36 Seiten — 5 Abbildungen — 8° — 1954 — DM 2,75

Heft 3 Prof. Dr.-Ing. e. h. Karl Kegel, Der Salzstock Mirowo bei Provadia in Bulgarien
26 Seiten — 9 Abbildungen — 8° — 1951 — DM 3,— (vergriffen)

Fortsetzung auf der 3. Umschlagseite

BERICHTE ÜBER DIE VERHANDLUNGEN DER SÄCHSISCHEN AKADEMIE DER WISSENSCHAFTEN ZU LEIPZIG

Mathematisch-naturwissenschaftliche Klasse
Band 103 · Heft 2

HEINRICH BREDT

ÜBER DEN TOD

EINE NATURWISSENSCHAFTLICHE BETRACHTUNG

AKADEMIE-VERLAG · BERLIN
1958

Vorgetragen in der öffentlichen Sitzung vom 16. November 1957
Manuskript eingeliefert am 8. Januar 1958
Druckfertig erklärt am 14. April 1958

Erschienen im Akademie-Verlag GmbH, Berlin W 8, Mohrenstraße 39
Lizenz-Nr. 202 · 100/342/58
Satz und Druck der Buchdruckerei F. Mitzlaff KG., Rudolstadt/Thür. V/14/7
Bestell- und Verlagsnummer 2027/103/2
Preis: DM 1,10
Printed in Germany

Wenn einer ehrwürdigen Sitte folgend in der Öffentlichen Sitzung unserer Akademie ein Mitglied über Methoden und Erkenntnisse des eigenen Fachgebietes berichten soll, so mag es befremdend erscheinen, daß der Naturwissenschaftler und Arzt sich dem Problem des Todes zuwendet. Ist doch mit diesem Wortsymbol, wie wir noch ausführen werden, untrennbar eine ganze Welt von unwägbaren, aber um so stärkeren Gefühlen der Abwehr und Scheu verbunden; Empfindungen, die eine naturwissenschaftliche Analyse beeinträchtigen und die bei der Mitteilung von Forschungsergebnissen in der Öffentlichkeit das Verständnis der Zuhörer erschweren oder gar beeinflussen können. In den Gesprächen mit ECKERMANN hat GOETHE seine bangen und abwehrenden Empfindungen beim Ableben eines ihm nahestehenden Menschen dahin ausgedrückt, daß

> „der Tod doch etwas so Seltsames (ist), daß man ihn, unerachtet aller Erfahrung, bei einem uns theuren Gegenstand nicht für möglich hält und er immer als etwas Unglaubliches und Unerwartetes eintritt. Er ist gewissermaßen eine Unmöglichkeit, die plötzlich zur Wirklichkeit wird."

Bedenken dieser eben genannten Art gegen die Wahl des Themas könnten sich noch verdichten, wenn ich daran erinnere, daß vor wenigen Jahren der jetzt in Wien lebende Physiker Erwin SCHRÖDINGER einer kleinen Schrift über die Frage „Was ist das Leben" den 67. Satz aus SPINOZAS Ethik voranstellte, der in der Übersetzung von AUERBACH lautet:

> „Der freie Mann denkt über nichts weniger nach als über den Tod; seine Weisheit liegt darin, daß er nicht über den Tod, sondern über das Leben nachsinnt."

Das Zitat dieses Satzes, ausgesprochen von einem Naturwissenschaftler vom Range SCHRÖDINGERS, ist fast ein moralisches Verbot, über unser heutiges Thema zu sprechen. An dieser Stelle aber möchten wir gleichsam als Antithese und zur Stärkung des eigenen mutigen Beginnens einen Satz aus der vor 60 Jahren erschienenen „Allgemeinen Physiologie" von Max VERWORN zitieren:

> „Nur durch eine vergleichende Geschichte des Todes kann ein Verständnis für die Erscheinungen des Todes mit der Zeit erhofft und damit zugleich auch die Kenntnis des Lebensvorganges selbst gefördert werden."

Leben und Tod, meine verehrten Zuhörer, sind zwei einander gleichzeitig bestimmende und begrenzende Begriffe, die im Sprachgebrauch als komplementäre, sich gegenseitig ausschließende Seinsformen mit vielen Wortsymbolen verbunden werden. So kann eine Stadt, eine Landschaft, ein Volk sterben, die Wirtschaft aufleben, eine Idee lebendig sein. Die sprachlichen Ausdrucksformen dieses gegensätzlichen Wortpaares sind nach Umfang und Schwere vielfach getönt. Für den Menschen in der Gesamtheit seiner Persönlichkeit und sozialen Verflechtung ist wohl die allgemeinste Aussage in der kategorischen Alternative „Sein oder Nichtsein" gefunden. Wir sind uns in diesen Minuten bewußt, welch tiefe Erschütterung uns ergreift, wenn wir an dichterische Verkündung unseliger Schicksale, mehr noch an selbsterlebte apokalyptische Zeiten jenes „Nichtseins", der Vernichtung durch Krieg, Seuchen und Hunger, uns erinnern.

Aber diese erlebten und möglichen Katastrophen im tragischen Schicksal einzelner Menschen oder der ganzen Menschheit sind nicht die Erlebnisformen des Todes, die unsere Aufmerksamkeit hier fesseln sollen. Wir sprechen in den folgenden Ausführungen vom biologischen Tod als der unabwendbaren Lebensbegrenzung des einzelnen Organismus, des menschlichen Individuums.

Die völlige Gewißheit von dem sicheren Tod der einzelnen Person ist eine Urweisheit des Menschengeschlechtes. Man kann darüber nachsinnen, ob diese Erkenntnis nicht zum Wesen des Homo sapiens, des eigentlichen Menschseins gehört. Das Wissen um den sicheren Tod ist seit den Zeiten der klassischen antiken Philosophie Griechenlands aber auch der gewaltige Hebel für die Entwicklung der Naturerkenntnis mit dem Ziel der Naturbeherrschung; dessen ist auch Zeugnis, daß dort, wo der Mensch glauben konnte, den Tod nicht mehr fürchten zu müssen, z. B. in der antiken Mythologie bei der Schilderung der Gefilde der Seligen, von Erkenntnis, Erforschung und Beherrschung der Natur nicht mehr gehandelt wird.

Es würde den zeitlichen Rahmen dieses Vortrages sprengen, wollten wir eingehend die mannigfachen, außerordentlich belehrenden und problemreichen Verhaltensweisen der Völker zum Phänomen des Todes in Vergangenheit und Gegenwart aufzeigen; auch möchte ich bezweifeln, daß mir die notwendigen Kenntnisse dafür zu Gebote stünden.

Der Tod, das Sterben und Nichtmehrsein des Menschen wurde in den meisten menschlichen Gemeinschaften mit Gewalten des „Dämonischen" und „Numinosen" in Verbindung gebracht. Wohl alle Formen der Religionen haben den Tod des Einzelmenschen in ihre besondere Deutung des menschlichen Seins einbezogen und die Unfaßlichkeit des Sterbens in eine versöhnende Hoffnung auf Unsterblichkeit, auf weitere mannigfache Daseinsformen nach dem Tode, umgeprägt.

Die Philosophen haben tiefgründige Deutungen der Lebensbegrenzung versucht; die Weisheit von Jahrtausenden hat der Beantwortung dieser einen, drückenden Frage gegolten. Hier und in der ernsten, reflektierenden Dichtung spannt sich der Bogen der Gedanken von der harten Unerbittlichkeit, mit der der Tod das Leben des Menschen beendet, indem er gleichsam das Ziel und den mitunter tragischen Abschluß des Daseins bildet, bis zu der versöhnlicheren Vorstellung, nach der der Tod nur das Tor zwischen zwei Welten sei. GOETHE spricht sehr nachdenklich bei der schon erwähnten Gelegenheit vom Tod als dem „Übergang aus einer uns unbekannten Existenz in eine andere, von der wir auch gar nichts wissen . . .".

Ich habe diesen kurzen Rundblick getan, um Ihnen, meine verehrten Zuhörer, lebendig werden zu lassen, vor welchem Hintergrund die naturwissenschaftliche Erforschung dieses Problems sich vollzog und vollzieht. Sie erhält einerseits ständigen Impuls durch die Dringlichkeit in der Aufklärung des großen Unbekannten, andererseits wirkte die Atmosphäre des „Mysterium tremendum", der Glaube an die Anwesenheit übernatürlicher Kräfte im Leichnam und in der Umgebung des Toten jahrhundertelang der Forschung entgegen. Dieser heutige Vortrag nun soll das Problem in der Nüchternheit und erstrebten Klarheit naturwissenschaftlichen Denkens behandeln. Die wissenschaftliche Durchdringung des Todesproblems hat, wie dies der Zoologe Franz DOFLEIN zum Ausdruck brachte, als vornehmstes Ziel, „eine Vorstellung vom Tode zu gewinnen, an welche der Wirklichkeit entsprechend ohne Antipathie und Furcht gedacht werden könnte".

Es ist nun nicht ohne Bedeutung, an dieser Stelle einige allgemeine Worte über die stufenweise angewandten Methoden in der aufgeworfenen Frage der Naturwissenschaft, besonders aber des eigenen Faches, der morphologischen Pathologie, einzufügen. Denn die bisherigen Ausführungen lassen uns ahnen, daß der Tod ein biologisches Grundphänomen des Menschen darstellt, dem die bewegliche Neugier ernsthafter Wissenschaft nur unter Anwendung aller Methoden Erkenntnisse abzuringen vermag. So werden wir in den folgenden Ausführungen erkennen lassen, daß die kardinalen Frageformen unseres Denkens — nämlich:

Was ist der Tod	als Methode der Beschreibung von Befunden
Wie ist der Tod	als Methode der Zusammenordnung von Befunden

Warum ist der Tod	als Methode allgemeiner Ursachenforschung
Wann ist der Tod	als Methode der Einordnung in den allgemeinen Zeitablauf der Natur

daß, so wiederhole ich, alle Frageformen in wechselnder Reihenfolge angewandt wurden und, immer wieder beginnend, heute noch angewandt werden müssen.

Alle naturwissenschaftliche Erkenntnis baut darauf, daß mit den zu Gebote stehenden Hilfsmitteln ein neuer Vorgang oder eine neue Gestalt eingehend beschrieben wird. Diese Anfänge des Wissens vom Tode, besser vom toten Menschen, gehen tief in die Zeit der Entstehung von Volksbräuchen und des Dämonenglaubens zurück. Bei Eintritt des natürlichen, d. h. nicht des künstlichen oder gewaltsamen, Todes, ist zumeist ein eindrucksvoller Wandel im seelischen Verhalten der Person zu beobachten, ein Zustand der Leblosigkeit, dessen Grenze nach dem Schlaf hin fließend erscheint. Der Körper ist, so scheint es dem Laien, leblos, aber auch nicht völlig und sicher tot; die Seele ist entwichen, aber sie weilt, so glaubt man, doch noch längere Zeit in der Nähe des Leichnams, und der dämonengläubige Mensch beeilt sich, sie durch Opfer zu besänftigen und günstig zu stimmen.

Schon in dieser Atmosphäre des Unheimlichen entwickelte sich eine allgemeine menschliche Erfahrung darüber, daß jener eigenartige Zustand eines unveränderten, nur reglosen Körpers bei entwichener Seele in bestimmten Zeiträumen Wandlungen zum körperlichen Zerfall hin erfährt.

Diese Erfahrung des Volkes wurde von der Medizin übernommen, verfeinert und beweisbar geformt. Es sind dies die hinweisenden oder auch schon sicheren Merkmale des Todes, die am Körper der Toten von außen her festgestellt werden. Hinweisend deswegen, weil sie einerseits auf dem Fehlen der Lebensäußerungen (Atmung, Puls, Bewegung, Schmerz) beruhen; sicher deswegen, weil Änderungen am Körper zu sehen sind, die nur nach erfolgtem Tode eingetreten sein können (Totenstarre, Totenflecke, Fehlen der Körperwärme u. a.). Die Kenntnis und Beachtung dieser Todeszeichen sind auch heute noch bei der gesetzlichen Leichenschau von größter Bedeutung. Durch sie kann die Furcht vor dem sogenannten Scheintod beseitigt werden, der fast immer nur ein Produkt unzulänglicher, wenig gründlicher Untersuchung und fehlerhafter Schlußfolgerungen war. Dies letztere ist so gemeint: Es kann ganz selten bei bestimmten Krankheiten eine tiefe Bewußtlosigkeit mit fast unmerklichem Herzschlag und stark geminderter Atmung, ja ganz allgemein eine „vita minima" eintreten. Das Leben wird auf Sparbrenner geschaltet. Zustände dieser Art sind bei Hirnkrankheiten, Unterkühlung und als Ausdruck besonderer Hirnimpulse wahrscheinlich auch bei einem Teil jener indischen Fakire zu beobachten, die längere Zeit begraben werden können, um danach wieder zu vollem Leben zu erwachen. Bei diesen geringen Lebensäußerungen kann ohne besondere Hilfsmittel der Nachweis des vorhandenen Lebens sehr schwierig sein; um so bedeutsamer und höher muß dann bei der vorschriftsmäßigen Leichenschau in solchen seltenen Fällen das Fehlen jener erwähnten sicheren Zeichen des Todes eingeschätzt werden.

Aber wenn wir von dieser Teilfrage des Scheintodes absehen, so fesselt uns doch die Frage nach dem weiteren Schicksal des Körpers, der vor kurzem noch lebte. Dieses Interesse entspringt nicht nur ärztlichen Gedankengängen oder gesundheitspolizeilicher Fragestellung, die beide der Forschung zweifellos starke Impulse verliehen haben. Es ist auch die allgemeine, ich möchte fast sagen bange Vorstellung, daß im Tode neue, ungewöhnliche Situationen, besondere Strukturen und Stoffe entstünden, die man allgemein mit dem Ausdruck „Leichengift" belegte. Auch konnte der Ausdruck „Todeskälte" nichts anderes beinhalten, als den Hinweis auf ungewöhnliche Unterkühlung, im Gegensatz zur allgemeinen Lebenswärme des Menschen.

Diese und andere Gedankengänge begleiten eine jahrzehntelange Forschung über Tod und Verwesung, über Nekrose und Nekrolyse

Wer sich nun darüber verwundern sollte, daß die Bemühung um die Erkenntnis solch einfach scheinender Vorgänge sehr viel Kräfte band und bis in die Gegenwart dauert, der möge bedenken, daß nicht nur die Auflösung der hochdifferenzierten Organstrukturen in stufenweisem Abbau verfolgt werden mußte, sondern auch die mannigfache Wirkung von Fermenten in ihrer Abhängigkeit von der physikalischen Gesamtsituation eines sauren oder alkalischen Milieus.

Es ist eines der schwierigsten Kapitel unserer Naturkenntnis, das noch lange der Vollendung harren wird.

Wir wollen hier den sehr verschlungenen Wegen der Forschung nicht im einzelnen nachgehen; die Ergebnisse der Bemühungen sollen vielmehr, soweit sie für unsere Erörterungen von Belang sind, in einzelnen Thesen festgehalten werden.

Die Vorgänge im Toten, in der Nekrose, schließen an die letzten Vorgänge im Lebendigen an. In den Teilkörpern tritt als Folge des Stillstandes jeder Blutbewegung eine Sauerstoffverarmung ein. Dadurch wird nun das reichgegliederte System von Membranen und Grenzflächen, denen wir die Isolierung der millionenfachen chemischen Teilprozesse des Lebens verdanken, gestört, aufgehoben und paralysiert. Nach allgemeinen physikalischen Gesetzen dringt Flüssigkeit aus dem Gefäß in die Gewebsstrukturen, in die Zellen.

Das ganze Geschehen wird beherrscht von der abbauenden Tätigkeit der Fermente, die gerade unter den neuen physikalisch-chemischen Bedingungen Kittsubstanzen und Bausteine der zellulären und interzellulären Strukturen auflösen. Auch in der Nekrose spielen sich die wesentlichen Vorgänge an der geformten Substanz ab.

Die äußerste zeitliche Grenze des Toten, aber noch Körperhaften ist dann erreicht, wenn die letzten Formelemente zerstört werden. So bestätigt die letzte Phase der Verwesung noch einmal eine Grunderkenntnis aller Naturwissenschaft, daß nämlich nur dort von Leben gesprochen werden kann, wo der Stoff eine Form, eine Gestalt bildet und wo um diese Gestalt und an dieser Gestalt Stoffwechsel sich vollzieht. Formlos, das ist das Körperlose, Körperfremde, ist „Asche und Staub".

Aber noch eine allgemein bedeutsam scheinende Feststellung kann aus diesen mühevollen Untersuchungen getroffen werden: Im toten Körper erfolgt der Abbau nicht regellos. Auch die Reihenfolge in der Wirkung der Fermente ist fein gestuft, reguliert, und man kann als gültige Regel erkennen, daß die einzelnen Etappen des Zerfalls den Stufen des Aufbaues im lebendigen Körper entsprechen; nur mit umgekehrtem Vorzeichen.

So kann auch die Betrachtung des Toten zu einer Spiegelung des Lebendigen werden. Und wenn wir die wenigen Sätze, die wir diesem Kapitel widmen konnten, in ein anschauliches Bild wandeln wollen, so sei daran erinnert, daß die Verwesung ähnlich ist dem Abbau eines Hauses. Erst werden Türen und Fenster, d. i. die schützende Grenzmembran, entfernt, sodann werden die Wände nicht niedergerissen oder gesprengt, sondern nach den Prinzipien des Bauplanes und kundiger Materialzerlegung Schritt für Schritt abgetragen.

Es ist manch eine versteckte Eigenheit des Bauplanes erst bei gewissenhaftem Abbau zutage getreten! So haben auch die beobachteten Veränderungen bei der Nekrose der Gewebe die lebende Struktur oft klarer hervortreten lassen.

Wir haben, meine Damen und Herren, gesehen, daß die Aufklärung selbst jener Vorgänge, die mit der Zerstörung des menschlichen Körpers im Tode zusammenhängen, die Phasen der Auflösung, eine Blickrichtung nach dem Lebendigen hin, nahelegen, ja fördern. Dies hatten wir in den einleitenden Worten schon angedeutet, daß nämlich Leben und Tod wie ein Auf- und Abstieg sei. Wenn wir das Leben als „natürlich" in des Wortes wahrer Bedeutung bezeichnen müssen, dann ist es das Tote in seinen Wandlungen nicht minder.

Ehe wir uns aus der Sicht des Lebens mit dem Tode beschäftigen, soll aber, ausgehend von den sicheren Zeichen des eingetretenen Todes, noch einmal die Frage der Todeszeit, der Grenzscheide zwischen Sein und Nichtsein, näher betrachtet werden. Es drängt sich uns die Frage auf, ob — wenn wir den Zeitraum, der bis zum Auftreten sicherer Todeszeichen vergeht, nach mathematischen Regeln und Einführung neuer, verfeinerter Methoden, immer kleiner werden lassen — eine solche Todeszeit, eine zeitliche Grenze zwischen Leben und Tod der Gesamtperson existiert und ob sie sich genau durch Angabe besonderer Merkmale charakterisieren und fixieren läßt. Ich meine das so: Existiert eine Dreiteilung in Leben — Tod — Verwesung? In der Beantwortung dieser Frage müssen wir zunächst die Methoden und Erfahrungen der einfachen ärztlichen Leichenschau ausschalten; der Nachweis der erwähnten sicheren Todeszeichen ist dafür zu spät und ungenau, er hat mehr soziale und forensische Bedeutung.

In einer solchen mathematisch zu kennzeichnenden Zeiteinheit mit bestimmbaren chemisch-physikalischen Phänomen tritt der Tod nur selten ein; dann nämlich, wenn der Mensch in Bruchteilen von Sekunden durch äußere Gewalt — z. B. Explosionen mit ungeheurer mechanischer und thermischer Einwirkung — völlig zertrümmert und aufgelöst wird. Das sind aber Todesformen, mehr noch eigentlich Vernichtungen, die einer naturwissenschaftlichen Analyse nicht bedürfen. Es sind mögliche Ereignisse, die uns zutiefst erschüttern und aufrütteln können, die aber unsere biologischen Erkenntnisse nicht bereichern.

Es ist nun seit Jahrzehnten in zahlreichen Beobachtungen und sehr sinnvollen Experimenten versucht worden, eine bestimmte, für den Tod als eigenes Stadium beweisende Strukturänderung aufzuzeigen. Das ist trotz aller dabei angewandten Mühe im Hinblick auf den zeitlichen Eintritt des Todes nicht gelungen. Änderungen in der Teilstruktur treten erst deutlich nach und in zeitlichem Abstand vom Tod des Gesamtorganismus ein.

Viel bedeutsamer aber ist die Erkenntnis, daß Lebensvorgänge in einzelnen Schichten und Teilen des Organismus weit in die Zeit des Gesamttodes hineinreichen; wir kennen umgekehrt auch Auflösungszustände am Lebendigen, die als Partialtod bezeichnet werden. Die Darstellung dieses sehr problemreichen Gebietes würde den zeitlichen Rahmen des heutigen Berichtes sprengen. Die Wurzeln des Toten sind mitunter tief im Lebendigen verankert, und es liegt viel Weisheit in der sprachlichen Darstellung, daß ein lebender Mensch „vom Tode gezeichnet" sein kann.

Diese Verzahnung zwischen den Lebensvorgängen und dem Stadium der Verwesung ist zweifellos eine bedeutsame, aber auch überraschende Aussage. Ihre Lösung liegt in der Konsequenz jener Überlegungen, die eingangs angeschnitten wurden. Wissenschaftlich können danach nur das Lebendige und das Tote definiert, bestimmt und in ihren Strukturen und Vorgängen gemessen werden. Jene zeitliche Grenze zwischen den beiden, die Todeszeit, ist nur indirekt festzulegen in einer Bezugnahme auf den einen oder anderen der beiden komplexen Zustände. Es ist, um es anschaulich zu machen, wie der Begriff der Gegenwart; sie besitzt selbst keine meßbare zeitliche Ausdehnung und trennt doch zwei meßbare Zeiträume, nämlich Vergangenheit und Zukunft, voneinander.

Wenn wir den Tod als zentrale Frage vor uns sehen, dann müssen wir, meine Damen und Herren, jetzt unseren geistigen Blickpunkt von der anderen Seite, also der Seite des Lebendigen her wählen. Denn alle menschliche Erfahrung spricht dafür, daß das Ende des Lebens im Leben selbst vorbereitet und bestimmt ist. Eingangs hatten wir schon diese grundsätzlichen Beziehungen angedeutet, und es mag als gedanklicher Rahmen gelten, wenn wir sagen, daß die Kenntnis des Tages uns viel vom Rätsel der Nacht enthüllt.

Jene Frage nun: warum wir überhaupt sterben müssen, also die Frage nach dem physiologischen oder Alterstod, wollen wir hier noch zurückstellen. Der Begriff des Alterns muß noch gedanklich gereinigt werden, indem wir die Vorboten des Todes, die Krankheiten, in ihrem Wesen zu deuten versuchen. Denn Altern und Krankheit sind Erscheinungen, die im Denken des Volkes eng verknüpft sind und die doch ihrem Wesen nach grundsätzlich voneinander getrennt werden müssen. Dies überzeugend in der gebotenen Kürze darzustellen, wird nicht leicht fallen, und ich muß mir dafür im voraus schon Ihr gütiges Verständnis erbitten.

Um Ihnen die Ordnung unseres heutigen umfangreichen und doch in vielen Teilen noch unzulänglichen Wissens von den Krankheiten nahebringen und verständlich machen zu können, möchte ich mir eine kurze historische Abschweifung erlauben. Wir wollen den Gedanken nachspüren, die die Ärzte leiteten, als sie vor etwa 200 Jahren die anatomische Methode in der Krankheitslehre anzuwenden begannen. Auch sie fanden eine besondere geistige Situation vor.

Das Erlebnis der Einheit der Person, insbesondere in der geistig-seelischen Haltung, hatte dazu geführt, daß nach einem zentralen Sitz des Lebens und der Seele gesucht wurde. In Verbindung mit dem anatomischen Gedanken einer Gliederung des Körpers in Organe war es verständlich, daß ein in Einzahl vorhandenes Organ (Herz, Hirn, Zirbel, Nabel) in den Mittelpunkt der Betrachtung rückte, von dem aus die Einheit der Person in die übrigen Teile ausstrahlen sollte. Diese Auffassung, daß es einen solchen Sitz der Seele und des Lebens gebe, wurde von italienischen Ärzten des 18. Jahrhunderts in zwei Grundgedanken umgemünzt: Einmal in die Lehre vom Sitz der Krankheit, illustriert in einem berühmten Buch, das im Titel u. a. die Worte führt „de sedibus morborum". Das war in jener Zeit, die die Krankheiten vorzüglich nach ihren Symptomen ordnete, eine Großtat; zum anderen in die Lehre von der Eintrittspforte des Todes, den Begriff des „atrium mortis". Beide

Vorstellungen entsprechen den damaligen naturwissenschaftlichen Grundbegriffen, sind aber in überbauter Form heute noch wirksam. Atria mortis waren früher Hirn, Herz und Lunge, und diese Erfahrung hat sich in unserer Laiensprache erhalten, indem noch gegenwärtig von Hirn-, Herz- und Lungenschlag gesprochen wird.

Daß ein Teil des Körpers Sitz der Krankheit sein könne, war und ist in der modernen Krankheitslehre — wenn wir von der ontologischen Tönung dieses Gedankens absehen — sehr eindringlich demonstriert durch die Herdförmigkeit von zwei der häufigsten Krankheitsgruppen, nämlich der Entzündung und dem Krebs, die einzelne Organe völlig isoliert ändern und zerstören können.

Doch kehren wir zurück zur geschichtlichen Entwicklung des Problems. Als in der ersten Hälfte des vorigen Jahrhunderts mit der Verfeinerung der optischen Geräte die Zellenlehre ihren Siegeszug antrat und das „ens vitae", das Prinzip des Lebens in der Zelle gesucht wurde, wurde die Frage „ubi est morbus" — wo ist die Krankheit — beantwortet mit dem Hinweis, das „ens morbi", das Wesen der Krankheit, sei auch in der Zelle zu suchen.

Die Ausführung dieses Gedankenganges hat der ärztlichen Wissenschaft einen ungeheuren Tatsachenschatz beschert. Mit kaum je dagewesenem Eifer wurde der kranke Körper mikroskopisch durchmustert, Wandlungen der Zellen und ihrer Bestandteile registriert und ein gewaltiges Material von Einzelwissen aufgehäuft.

Es fehlte bloß das einigende Band! Leben und Krankheit sind eben Vorgänge, die sich nicht auf Teilkörper und gar so kleine Teilkörper, wie sie die Zellen darstellen, beschränken lassen. So mehrten sich seit Anfang dieses Jahrhunderts die Bemühungen, eine Resynthese durchzuführen, ein Prinzip aufzufinden, nach dem die vielen Einzelbefunde geordnet und sinnvoll zusammengefügt werden könnten.

Zahllos sind die Wege, die dabei beschritten wurden. Sie alle haben befruchtend auf die weitere Entwicklung gewirkt und wirken auch heute noch weiter. Lassen Sie mich das Ergebnis dieser Bemühungen in kurzen Sätzen zusammenfassen:

Die Welt der Organismen ist sparsam und einfach in der Zahl ihrer Grundvorgänge und Grundelemente, aber unermeßlich in der Mannigfaltigkeit der hinzutretenden Hilfsorgane, deren Formen und Produkte. Zu diesen Grundvorgängen des Lebens gehören im ganzen Tierreich und beim Menschen Stoffwechsel, Stofftransport, Atmung, Ausscheidung, Fortpflanzung, Bewegung, Reizaufnahme u. a. Der Mensch ist aber ein historisches Wesen, und im Laufe der Stammesgeschichte wurden, bei zunehmender Körpergröße und Differenziertheit, um jeden Grundvorgang organische Hilfsapparate eingerichtet. Ja, wir können vielfache Beispiele dafür finden, daß die Außenwelt der Lebewesen im Laufe der Stammesgeschichte in das Innere des Körpers hineinverlagert wird. Die Außenluft dringt bis in die Endbläschen der Lunge vor, die Nahrung wird erst im Innern des Körpers, in sehr differenzierten Darmabschnitten, zerlegt und aufnahmefähig gemacht u. s. f.

Wie sehr die Außenwelt zu uns gehört, haben uns bittere Erfahrungen der letzten Jahre gelehrt. Es handelt sich um folgenden Sachverhalt. Nach der Geburt des Menschen wird von außen her der Darm mit Bakterien besiedelt; sie sind harmlos, und nur unter bestimmten Bedingungen wirken sie nachteilig auf den Wirtsorganismus ein. Ihre völlige Abtötung nun durch die in dem letzten Jahrzehnt so bekannt gewordenen Pilzextrakte oder Antibiotica hat ganz überraschend zu schwersten Störungen im Gesamtstoffwechsel und zum Tode geführt. Es wurde mit der Exaktheit eines Experimentes klar, daß die Bakterien keine belanglosen Parasiten, sondern Symbionten seien. Sie sind ein lebenswichtiger Teil des menschlichen Körpers, ein Organ geworden.

Symbiose, das eng verflochtene Zusammenleben zweier oder vieler Lebewesen, ist im Tierreich in ungeheurer Mannigfaltigkeit der Formen bekannt. Wir müssen es uns aber versagen, auf dieses sehr reizvolle Kapitel der Naturwissenschaft hier näher einzugehen.

Jeder biologische Grundvorgang bildet mit seinen Hilfsorganen einen Funktionskreis, der — wie man in unserem technischen Zeitalter anschaulich sagen könnte — durch gestuften Impuls und Rückkoppelung fein einreguliert ist, wodurch lebenswichtige Vorgänge genau überwacht und konstant gehalten werden. Jeder Funktionskreis ist im Laufe der phylogenetischen Entwicklung dem hinzutretenden Zentralnervensystem verbunden, das besonders empfindlich und souverän das Zusammenwirken der Teile steuert.

Krankheit und Tod treten ein, wenn bestimmte Funktionskreise an einer Stelle unterbrochen werden.

Wenn wir z. B. den Grundvorgang der Atmung als Beispiel heranziehen, so besteht das Wesen derselben darin, daß durch Fermentsysteme genügend Sauerstoff auf sauerstoffhungrige Körperstrukturen übertragen wird. Das ist ein lebenswichtiger Vorgang. Die einfachste, d. h. direkteste Störung ist eine Lähmung der Fermente durch Blausäure; dann ersticken in kürzester Frist alle Zellen, darunter die sehr sauerstoffhungrigen Ganglienzellen des Hirns. Hier ist also die Blausäure die unmittelbare Auslösung der Krankheit und gleichzeitig Ursache des Todes. Dieser Funktionskreis der Atmung kann aber auch an einer anderen Stelle gestört sein, z. B. durch Herabsetzung der Sauerstoffspannung in der umgebenden Luft — ich denke an überfüllte Hörsäle oder an Aufenthalt in Höhen über 4000 Meter. Schließlich können die Atemwege durch eingeatmete Gegenstände oder Geschwülste grobmechanisch verschlossen sein, wodurch sofort eine Fülle von Regulationen ausgelöst wird — Schleimbildung, Husten, Würgen u. a. Gelingt es nicht, den eingedrungenen Gegenstand zu entfernen, dann wird nach Verbrauch des vorhandenen Sauerstoffvorrates der Tod eintreten. Die Kette von Impulsen und Gegenregulationen, die schließlich den ganzen Körper in Bewegung versetzen kann, ist scheinbar irreversibel, der Mensch ist „vom Tode gezeichnet“. Gelingt es aber durch entschlossenes Handeln, den Fremdkörper aus der Luftröhre zu entfernen, dann sind, wie wir überraschend erkennen, schlagartig alle Schäden reversibel, und durch feine Regler schwingt das gesamte System in seine normale Funktionslage zurück. Der bewußtlose, dem Tode nahe Mensch ist „wiederbelebt“. Die Unterbrechung oder Schließung des Funktionskreises entscheidet also über Tod und Leben.

Dies Beispiel ist, meine sehr verehrten Damen und Herren, bewußt einfach gewählt, um modellhaft aufzuzeigen, aus welchen Elementen sich unser Wissen vom Leben und Tod des Menschen aufbaut. Im Alltag wird selten ein Funktionskreis allein betroffen, vielmehr gehen die Störungen einzelner Kreise nach Art eines Kettensystems ineinander über. Schließlich können mehrere Störungskräfte sich in ihrer gleichsinnigen Wirkung übergipfeln.

Z. B. können radioaktive Substanzen eine Störung des Knochenmarkes hervorrufen, die unter allgemeiner Lähmung der Resistenz und Blutarmut zum Tode führen kann. Dieser erste Kreis löst aber unter Umständen Zerstörungen einzelner Schleimhautteile aus und berührt dadurch einen weiteren Kreis, indem Bakterien in die Wundfläche eindringen und durch Giftwirkung ebenfalls die Blutbildung, aber auch die Blutbewegung in den Organen beeinträchtigen. Sauerstoffarmut des Hirnes und Herzstillstand sind dann Folgen, die fast konkurrierend als tödliches Geschehen betrachtet werden können. Weitere Beispiele drängen sich in Fülle auf.

Unsere bisherigen Erörterungen haben ergeben, daß nicht nur in der historischen Entwicklung der Wissenschaft, sondern auch in der gegenwärtigen Analyse jener Krankheiten, die zum Tode hinführen, bevorzugt Teilkörper oder Teilvorgänge im Organismus hervorgehoben und herangezogen wurden. Man könnte darin eine Neigung zu lokalistischer Denkform erblicken. Das ist aber keineswegs der Fall. Immer ist der ganze Mensch krank, er fühlt und gibt sich krank, und die Ganzheit seiner Funktionen und Strukturen muß sich auf eine neue, veränderte Lage, die wir Krankheit nennen, einstellen. Aber am Beginn jeder Naturerkenntnis steht zunächst die Zergliederung, die liebevolle und vollständige Darstellung der Teile und Einzelvorgänge.

Diese methodischen Grundsätze müssen uns leiten, wenn wir einer besonderen, ja ich möchte sagen, besonders schweren Aufgabe dieses Vortrages uns zuwenden. Ich meine das Sterben des Menschen. Jene Vorgänge, die unmittelbar und unabwendbar zum Zerfall der Persönlichkeit führen, das Lebendige zum Toten werden lassen; die in jedem Falle die Ganzheit des Organismus ergreifen und bei denen jene Organe betroffen werden, die gerade die Einheit der Teile zur Gesamtperson herbeiführen: Der Kreislauf mit dem Herzen und das Zentralnervensystem in der Vielschichtigkeit seines Baues und seiner Funktionen.

In vielen Fällen tritt der Tod überraschend und plötzlich ein. Dann verkürzt sich die Zeit des Überganges zum Leblosen, die Teilvorgänge verflechten sich; eine Analyse ist nicht möglich. In anderen Fällen ist, ungeachtet der Grundkrankheit gerade dieses Menschen, an der Herztätigkeit, der Atmung und letzten Endes am Zentralnervensystem bei zunehmender Trübung des Bewußtseins eine Phasenreihe charakteristischer Vorgänge zu beobachten. Sie erinnern in vieler Hinsicht an den stufenweisen Abbau stammesgeschichtlich jüngerer Hirnleistungen und an das Manifestwerden ältester funktioneller Bahnungen. Es tritt das ein, was wir beim alten, aber auch kranken Menschen beobachten können: Ein Schichtenabbau der Persönlichkeit.

Damit ist gesagt, daß das Sterben den allgemeinen Regeln des Lebendigen zugeordnet werden kann. Die Beeinflussung der Herz- und Hirntätigkeit durch Sauerstoffmangel bringt alle komplizierten, hochdifferenzierten Mechanismen beider Organe zum Erliegen, und so sehen wir am Ausgang des Lebens ursprüngliche Leistungen, z. B. Formen der Atmung, die dem neugeborenen Kind zukommen.

Wenn wir die Scheu bedenken, die das Wort „Sterben“ in uns allen weckt, so mag die Erkenntnis eines solchen großen Zusammenhanges von Sterben und Geburt, von Vergehen und Werden, in uns allen, meine verehrten Hörer, ein Gefühl der Versöhnung und Beruhigung auslösen. So betrachtet, ist das Sterben kein neues, fremdes, furchterregendes Ereignis, sondern Leben in zunehmender Vereinfachung, ist das letzte Glied in einem Kreis, der als Ganzes unser Dasein umschließt.

Noch ein Problem bewegt die Gedanken, mehr noch die Phantasie des Menschen: Die Stunde des Todes. Und der Naturwissenschaftler muß sich die Frage vorlegen, ob eine Voraussage des Lebensendes genau und beweisbar möglich sei.

Die Erinnerung daran, daß nicht nur der Lebensvorgang, sondern auch seine krankhaften Abwegigkeiten unendlich viele Regulierungen mit überraschenden Wendungen im Stoffwechselgeschehen erkennen lassen, hält uns davon ab, diesen Gedanken weiteren Raum zu geben. Hier muß mit elementaren Untersuchungsmethoden die Bedeutung der einzelnen Faktoren mühevoll und zurückhaltend herausgeschält werden.

Um das Gesagte verständlich zu machen, will ich darauf hinweisen, daß seit Beginn dieses Jahrhunderts überraschende Beziehungen zwischen einer bestimmten Wetterlage und plötzlichen Todesfällen aufgedeckt wurden. Nachdem die Statistik gezeigt hatte, daß Todesfälle an Lungen-, Hirn- und Herzschlag und anderen plötzlichen Todesarten sich zu bestimmten Zeiten häuften, ergab ein kritischer Vergleich mit entsprechenden Unterlagen der Wetterwarte, daß mit einer solchen Häufung der Todesfälle zeitlich auch bestimmte klimatische Wandlungen, z. B. sog. Wetterfronten oder Föhnwind, zusammenfielen.

Aus diesen zunächst schlichten und festumrissenen Ergebnissen entwickelte sich nach Art einer Kettenreaktion eine Fülle ganz neuer Forschungsgebiete und -methoden, einerseits in der Meteorologie, zum anderen in der Biologie. Vor einigen Jahren konnte das leider verstorbene Mitglied unserer Akademie, Herr ROBITZSCH, von dieser Stelle aus darüber berichten, welche Bedeutung Wetter und Klima für die belebte Natur insgesamt haben können und wie sehr die Erforschung gerade der Schichten bis zu 30 Meter Höhe not täte. Beim Menschen sprechen wir von Wetterfühligkeit, und eine sich überstürzende Fülle von wissenschaftlichen Untersuchungen galt und gilt noch der Frage, wie denn die Einwirkung solcher klimatischer Kräfte auf den menschlichen Körper erfolgen könne. Es ist sehr schwer, über Fragen, die noch einer Klärung harren, schon vorzeitig ein Urteil abzugeben. Aber eines läßt sich schon jetzt erkennen: Die Beziehungen der Lebensvorgänge im menschlichen Körper zur klimatischen Umwelt berühren nicht nur einen Faktor, also etwa den Luftdruck, den Ozongehalt oder andere physikalische Einzelwerte, sondern die Umwelt als Ganzes. Und am menschlichen Körper ist davon nicht ein einzelnes Organ oder eine einzelne Funktion betroffen, sondern der ganze Komplex von elementaren Stoffwechselvorgängen, von lebenswichtigen Funktionskreisen. Das soll besagen, daß wir viel mehr, als uns bewußt ist, biologisch in unserer Umwelt verankert sind, wobei diese Umwelt uns nur bis zu einem gewissen Grade bekannt ist. Wir tun gut, hier die weitere Entwicklung unserer Kenntnisse über allgemeine Energiebewegung, z. B. vom Weltenraum her, abzuwarten.

Nach diesen kurzen Andeutungen ist zu verstehen, daß also die Zeit des Todes durch Wandlungen unserer Umwelt mitbestimmt werden kann. Vorangehende Krankheit schafft, wie wir uns bildhaft vorstellen wollen, eine sensible Phase, in der dann Kräfte des Wetters einwirken können, die der gesunde Mensch nicht verspürt.

Aber das ist, meine Damen und Herren, nur eine Möglichkeit, die zahllose Ausnahmen zuläßt. Von dieser Erkenntnis des Zusammenwirkens zahlreicher Teilfaktoren bis zur genauen Voraussage der Todeszeit im Einzelfall ist ein sehr weiter Weg.

Hier mündet jede Teillösung in eine neue Frage. Und es ist besser für unser Wissen, wenn wir unsere Phantasie zügeln, um für ernsthafte Forschung die Wege offen zu halten.

Unter den Frageformen der Naturwissenschaft, die wir einleitend angeführt haben, besitzt diejenige nach der Ursache, das „Warum", ein besonderes Gewicht. Ist es doch tiefverwurzelte Eigenschaft des Menschen, daß er eine Sache, einen Vorgang, nicht schlicht und genügsam zur Kenntnis nimmt, sondern hinter der Sache eine „Ur"-sache vermutet, ein Unbekanntes, das durch kluge Gedanken erraten oder durch sinnvolles Experiment ermittelt werden muß. Und wenn wir schon die kleinen Ereignisse des Alltags auf ihre natürliche Ursache hin ständig prüfen, wieviel mehr wird das Ereignis des Todes eine solche Frage auslösen!

Ich möchte meine Ausführungen zu diesem Problem in zwei Abschnitte gliedern.

In dem ersten Teil möchte ich unterstreichen, daß eine Erforschung und Erkenntnis der Todesursachen sehr wohl möglich ist, wenn wir die Frage nach der Ursache sinnvoll stellen, indem wir sie mit einem genau definierten Sachverhalt verknüpfen. So können für die Zwecke der Rechtsfindung tödliche Ereignisse aus natürlicher Ursache von jenen durch höhere Gewalt, durch eigene Hand u. s. f., getrennt und definiert werden. Auch eine allgemeine amtliche Ermittlung der Todesursachen ist sinnvoll, weil sie auf reale Befunderhebungen durch kundige Ärzte sich stützen kann. Eine solche Todesursachenstatistik enthält in ihrem Ansatz ganz bestimmte Fragen, z. B. nach bekannten Erregern von Seuchen, nach der Art der Krankheiten und ihrem bevorzugten Sitz im Körper, nach den Vorgängen, die unmittelbar zum Tode führen und viele andere mehr. In dieser Art können auch gelegentlich ganz besondere wissenschaftliche Fragen, die das Todesereignis betreffen, statistisch geklärt werden. Aber das gilt nur, um es bildhaft auszudrücken, einem einzelnen Faden aus einem sehr breiten und bunten Gewebe. Von einer Einsicht in die Ursache des Gesamttodes kann bei statistischen Erhebungen nicht die Rede sein.

Um nun in einem zweiten Teil der Darstellung Ihnen die Zurückhaltung der Wissenschaft in dieser Frage verständlich machen zu können, müßte ich eine Fülle von Beobachtungen anführen, um Sie selbst aus eigener Anschauung zu einem Urteil gelangen zu lassen. Ich muß mich aber auf ein einziges Beispiel beschränken.

In den ersten Wochen der Schwangerschaft kann aus Gründen, die wir nicht überblicken, bei der Entwicklung des Herzens eine Vertauschung im Abgang der zwei großen Arterien geschehen. Dadurch wird der Lungenkreislauf von der übrigen Blutstrombahn völlig isoliert.

In der folgenden monatelangen Schwangerschaft ist das Kind gesund, denn die Sauerstoffzufuhr erfolgt vom mütterlichen Organismus aus. Erst im Augenblick der Geburt, wenn die innige Beziehung zum mütterlichen Organismus gelöst werden muß, wird aus der lebensfähigen Leibesfrucht ein Kind, das in wenigen Minuten sterben muß, denn der Sauerstoff der Außenluft kann durch den Blutkreislauf nicht an die stoffhungrigen Körpergewebe herangebracht werden.

Beobachtungen dieser und ähnlicher Art haben zur Heranziehung einer ersten und letzten Ursache geführt („causa prima, causa ultima"). Es ist nicht schwer, Beispiele dafür zu finden, daß weitere Ereignisse auslösend sich einzuschalten vermögen, so daß für den Tod eine ganze Perlenkette von Ursachen angeführt werden könnte.

Die Forschung geht aus diesen Gründen andere Wege. Anknüpfend an die Methoden der exakten Naturwissenschaften, Physik und Chemie, werden ursächliche Beziehungen zwischen Teilvorgängen ermittelt, die übersehbar sind und bei denen lückenlose Abläufe experimentell wiederholt werden können. Solche kausalen Relationen sind die Elemente, aus denen komplexere Vorgänge und Strukturen abgeleitet werden müssen. Und bei der geistigen Zusammensetzung dieser Bausteine wird die kausale Denkform vielleicht selbst Wandlungen erleben müssen, die sehr wahrscheinlich neue Wortfindungen erfordern.

Alle diese Andeutungen und Aussagen, meine Damen und Herren, sollen, so ist die Absicht meiner Worte, in Ihnen den Eindruck erwecken, daß die Ursachenforschung zum Problem des Todes derzeit einem großen Bauplatz gleicht, auf dem die Grundmauern ausgeschachtet werden und der Grundriß des Gebäudes sich kaum abzeichnet.

Eine vorzeitige Deutung der Ursachen des Todes ist ein sehr persönliches Urteil, kann reine Spekulation sein. Und das ist für die naturwissenschaftliche Erkenntnis lähmendes Gift.

Wenn wir in Hinweisen und Beispielen die Problematik jener Untersuchungen unterstrichen haben, die der Ermittlung der Ursachen des Todes gelten, so steht doch unausgesprochen bei allen Fragen nach dem „Warum“ das Problem des Alterns und des physiologischen Todes. Ich bin mir dessen bewußt, meine verehrten Damen und Herren, daß Sie von Beginn an auf die Beantwortung gerade dieser Frage hofften und unter Umständen die bisherigen Ausführungen als einen Umweg zum Ziel nur unmutig zur Kenntnis nahmen.

„Altern und Krankheit, Lebensalter, Altern und Tod“ und viele andere ähnliche programmatische Zusammenstellungen in den Titeln bedeutsamer und weithin bekannter Werke zeigen an, daß hier eine Lösung der Frage nach dem natürlichen Tode gesucht wird, die sich sehr stark an unsere Kenntnisse von den Krankheiten anlehnt.

Das ist nach all dem, was wir über das Wesen der Krankheit und ihre Verflechtung mit den elementaren Gegebenheiten des Lebens hier gesagt haben, sehr verständlich. Dennoch sollte es angestrebt werden, daß wir in naturwissenschaftlichen Betrachtungen das Altern von den Formen und Deutungen der Krankheiten trennen. Und ein weiterer Ballast sollte in den wissenschaftlichen Bestrebungen über Bord geworfen werden: Die betonte Wendung des Blickes zum höheren und höchsten Lebensalter, zum Greisentum hin. Das ist gewiß hauptsächlich in der seelischen Einstellung des Menschen begründet, der erst in höherem Alter die Unabweisbarkeit des Todes anerkennen will und in den Beschwernissen des Alters wesentliche Vorboten und Merkmale des natürlichen oder, wie wir sagen wollen, „physiologischen“ Todes sieht. Das hat im Bereich der Wissenschaft zu einem Irrweg geführt insofern, als die Aufklärung des eigentlichen Alternsprozesses nur als Greisenkunde, „Gerontologie“, aufgefaßt und betrieben wurde.

Die eingehende Untersuchung der Organismen in hohem und höchstem Alter hat ergeben, daß die Anfälligkeit des alten Menschen für Krankheiten jeder Art sehr groß ist. Zusätzliche, u. U. geringfügige und doch einen Funktionskreis störende Krankheiten treten leicht und häufig ein, so daß der Zustand eines reinen, natürlichen Todes nicht sicher beobachtet wurde und nach allgemeiner Wahrscheinlichkeitsberechnung bei wirklich kritisch durchgeführter Untersuchung kaum jemals beobachtet werden wird.

Das ist aber für die Alternsforschung auch nicht von ausschlaggebender Bedeutung, denn die Besinnung auf die eigentliche Bedeutung des Alterns in seinem fundamentalen Zusammenhang mit allen Vorgängen der belebten und unbelebten Natur hat dazu geführt, daß der Mensch als Ganzes in allen seinen naturhaften Bezügen Objekt der Alternsforschung geworden ist. Es altert und stirbt das Individuum, und dieses Individuum beginnt nicht erst im Senium, sondern entsteht im Augenblick der Befruchtung. Der alte Sinnspruch „nascentes morimur“, „von Geburt an sterben wir“, muß sich auch auf die Entwicklung im Mutterleib erstrecken. Denn Wachstum und Differenzierung sind zeitliche Ausdrucksformen jenes Prozesses, den wir mit dem deutschen Wort „Altern“ bezeichnen. Die Vorstellung, daß das Altern wie ein schleichendes Gift in ein sonst lange oder ewig lebendes Wesen eindringt, gleichviel, ob das Gift von außen hinzukommt oder in fehlerhaftem Stoffwechsel entsteht, ist schon lange widerlegt. Auch ist nicht ein einzelnes Organ oder Organsystem an der Alterung schuld. Der

Organismus altert vielmehr harmonisch, so daß in jeder Phase der Entwicklung von der befruchteten Eizelle bis zum Tode der Mensch und seine große oder kleine Um- und Mitwelt im Gleichgewicht stehen.

Wie kann bei einem solchen Sachverhalt, der zunächst nur in allgemeinen Sätzen umrissen zu werden vermochte, die Naturwissenschaft uns weitere Erkenntnisse vermitteln? In den einleitenden Worten zur Methodik habe ich, meine Damen und Herren, darauf hingewiesen, daß angesichts einer neuen Sachlage, einer unerforschten Gegebenheit, die abgrenzende, nachzeichnende, feststellende, messende und beschreibende Methode die Grundlage für alle späteren Stadien der Forschung abgeben muß. Dort steht heute die Alternsforschung, die unsere Akademie in dankenswerter Weise schon lange gefördert hat. Das große Ziel ist eine lückenlose Befunderhebung und Vergleichung aller Altersklassen in dem oben genannten Sinne. Befunderhebung aller jener gestaltlichen und chemisch-physikalischen Werte, die bisher zumeist nur für den erwachsenen Menschen gelten.

Eine Zusammenfügung aller Erkenntnisse wird uns lehren, „wie" wir altern. Es wird zu prüfen sein, ob Einsinnigkeit aller Alternsvorgänge besteht und ob uns Einwirkungen auf dieselben möglich sind. Dann wird die Frage auch beantwortet werden können, ob eine Ursache oder ein „warum" für das Altern besteht. Wenn nämlich Altern eine Erscheinungsform des Lebendigen ist, dann ist die Ursache des Alterns und unseres biologischen Todes, wie das ein guter Kenner des Alternsproblems schrieb, das Leben selbst.

Ich bin damit am Ende meiner rein naturwissenschaftlichen Betrachtung über den Tod. Es war darin von Ergebnissen, Überraschungen, Bemühungen, Enttäuschungen und Irrwegen die Rede. Die Fülle der Gegebenheiten und Probleme könnte nun den Gedanken aufkommen lassen, der Lehre vom Leben, also der Biologie, eine ebenso gegliederte Lehre vom Tode, also

Thanatologie, an die Seite oder gar gegenüber zu stellen. Dies ist bis jetzt nicht geschehen und wird auch nicht sein. Denn an den Forschungsstätten, denen die Einsicht in den toten menschlichen Körper und die geistige Verarbeitung des Gesehenen obliegt, steht unausgesprochen oder auch oft geschrieben der Satz:

„Hier ist der Ort, an dem der Tod dem Leben dient."

Damit ist jeder Gedanke, der dem Tode gewidmet ist, auch gleichzeitig ein Bekenntnis zum Leben.

Heft 4 Prof. Dr. HERBERT BECKERT / Prof. Dr. HANS SALIÉ, Bemerkungen über die Verbiegung hyperbolisch gekrümmter Flächenstücke / Über Abels Verallgemeinerung der binomischen Formel
22 Seiten — 2 Abbildungen — 8⁰ — 1951 — DM 2,25

Heft 5 Prof. Dr. ERICH STRACK, Die Dauerinfusion als Verfahren zur Erforschung des Kohlenhydratstoffwechsels des Tierkörpers
20 Seiten — 8⁰ — 1952 — DM 2,—

Band 99

Heft 1 Prof. Dr. HEINRICH BRANDT, Über das quadratische Reziprozitätsgesetz
18 Seiten — 8⁰ — 1951 — DM 1,90 (vergriffen)

Heft 2 Prof. Dr. GEORG SPACKELER, Der Gebirgsdruck und seine Beherrschung durch den Bergmann
36 Seiten — 12 Abbildungen — 8⁰ — 1951 — DM 1,65 (vergriffen)

Heft 3 Prof. Dr. ERNST DIEPSCHLAG, Die Anwendbarkeit der Regelungstechnik in der Hüttenindustrie
38 Seiten — 12 Abbildungen — 8⁰ — 1952 — DM 3,90

Heft 4 Prof. Dr. ALBERT FROMME, Die Bedeutung der Entwicklungsgeschichte, besonders des Mesenchyms für die Klinik
24 Seiten — 8⁰ — 1952 — DM 1,75 (vergriffen)

Heft 5 Dr. ROBERT BÖKER, Die Entstehung der Sternsphäre Arats
68 Seiten — 4 Abbildungen — 2 Ausschlagtafeln — 3 Tabellen — 8⁰ — 1952 — DM 5,60

Band 100

Heft 1 Prof. Dr. HEINRICH BRANDT, Über Stammfaktoren bei ternären quadratischen Formen
24 Seiten — 8⁰ — 1952 — DM 2,25

Heft 2 Dr. PAUL GÜNTHER, Zur Gültigkeit des Huygens'schen Prinzips bei partiellen Differentialgleichungen vom normalen hyperbolischen Typus
43 Seiten — 8⁰ — 1952 — DM 5,—

Heft 3 Dr. ALFRED MÜLLER, Die Schaubarkeit in der Axonometrie
22 Seiten — 3 Ausschlagtafeln — 8⁰ — 1952 — DM 3,—

Heft 4 Prof. Dr.-Ing. ENNO HEIDEBROEK, Die Beziehungen zwischen Härte, Schmierung und Verschleißfestigkeit
Nachdruck — 40 Seiten — 10 Abbildungen — 8⁰ — 1954 — DM 3,40

Heft 5 Prof. Dr. ROBERT SCHRÖDER, Frauenheilkunde in Forschung und Praxis
22 Seiten — 8⁰ — 1952 — DM 1,35

Heft 6 Dr. ROLF REISSIG, Die pandiagonalen Quadrate vierter Ordnung
54 Seiten — 8⁰ — 1952 — DM 5,—

Heft 7 Prof. Dr. MAX ROBITZSCH †, Die Erforschung der Atmosphäre, ihre Methodik und ihre Probleme
30 Seiten — 12 Abbildungen — 4 Kunstdrucktafeln — 8⁰ — 1953 — DM 2,50

Band 101

Heft 1 Prof. Dr. KURT SCHWABE, Periodische Erscheinungen bei der anodischen Auflösung des Zinks
33 Seiten — 14 Abbildungen — 8⁰ — 1954 — DM 3,—

Heft 2 Dr. UDO PIRL, Positive Lösungen einer nichtlinearen Integralgleichung
44 Seiten — 2 Abbildungen — 8° — 1953 — DM 4,—

Heft 3 Dr. JOACHIM FOCKE, Asymptotische Entwicklungen mittels der Methode der stationären Phase
2. unveränderte Auflage — 48 Seiten — 8° — 1957 — DM 4,80 (vergriffen)

Heft 4 Prof. Dr. HANS SALIÉ, Zur Verteilung natürlicher Zahlen auf elementfremde Klassen
26 Seiten — 8° — 1954 — DM 2,50

Heft 5 Prof. Dr.-Ing. ENNO HEIDEBROEK, Die Verantwortlichkeit des Ingenieurs
22 Seiten — 8° — 1954 — DM 1,—

Heft 6 Prof. Dr. HANS SCHUBERT / Dr. ERICH SCHINCKE, Zur Ermittlung von Unterschallströmungen mit der Transformationsmethode bei quadratischer Approximation der Adiabate
32 Seiten — 6 Abbildungen — 2 Tabellen — 8° — 1955 — DM 2,30

Heft 7 Dr. HELMUT SCHAEFER, Neue Existenzsätze in der Theorie nichtlinearer Integralgleichungen .
40 Seiten — 8° — 1955 — DM 2,40

Band 102

Heft 1 Dr. PAUL GÜNTHER, Über einige spezielle Probleme aus der Theorie der linearen partiellen Differentialgleichungen zweiter Ordnung
50 Seiten — 8° — 1957 — DM 4,60

Heft 2 Prof. Dr. HANS SCHUBERT / Dr. ERICH SCHINCKE, Zum Konturproblem der Hodographenmethode im Unterschall
25 Seiten — 8° — 1957 — DM 2,20

Heft 3 Prof. Dr. FRANZ RUNGE, Über die Polymerisation ungesättigter organischer Verbindungen
13 Seiten — 1 Tabelle — 8° — 1957 — DM 1,—

Heft 4 Dr. VICTOR VÂLCOVICI, Une extension des liaisons non holonomes et des principes variationnels
39 Seiten — 8° — 1958 — DM 2,40

Heft 5 Dr. ROLF KLÖTZLER, Beiträge zur Theorie mehrdimensionaler Variationsprobleme mit geknickten Extremalen
72 Seiten — 8° — 1958 — DM 4,30

Heft 6 Prof. Dr. PAULA HERTWIG, Strahlenschäden und Strahlenschutz im zellulären Bereich
43 Seiten — 14 Abbildungen — 4 Tafeln — 6 Tabellen — 8° — 1957 — DM 2,—

Heft 7 Prof. Dr. WILHELM TREIBS, Entwicklungslinien der organischen Chemie
25 Seiten — 8° — 1957 — DM 1,40

Band 103

Heft 1 Prof. Dr. GEORG SPACKELER / Über die Möglichkeit einer Lieferung von Magnesiumsulfat als Düngemittel seitens des Kalibergbaus der Deutschen Demokratischen Republik
Prof. Dr. ANTON ARLAND / Magnesium im Landbau
32 Seiten — 3 Abbildungen — 8° — 1958 — DM 1,90

Bestellungen durch eine Buchhandlung erbeten

AKADEMIE-VERLAG · BERLIN

FSC
www.fsc.org
MIX
Papier | Fördert gute Waldnutzung
FSC® C083411

Kolibri 360 GmbH
Ferdinand-Jühlke-Straße 7
99095 Erfurt, Deutschland
produktsicherheit@kolibri360.de